筑境

中国精致建筑100

1 建筑思想

风水与建筑
礼制与建筑
象征与建筑
龙文化与建筑

2 建筑元素

屋顶
门
窗
脊饰
斗栱
台基
中国传统家具
建筑琉璃
江南包袱彩画

3 宫殿建筑

北京故宫
沈阳故宫

4 礼制建筑

北京天坛
泰山岱庙
闾山北镇庙
东山关帝庙
文庙建筑
龙母祖庙
解州关帝庙
广州南海神庙
徽州祠堂

5 宗教建筑

普陀山佛寺
江陵三观
武当山道教宫观
九华山寺庙建筑
天龙山石窟
云冈石窟
青海同仁藏传佛教寺院
承德外八庙
朔州古刹崇福寺
大同华严寺
晋阳佛寺
北岳恒山与悬空寺
晋祠
云南傣族寺院与佛塔
佛塔与塔刹
青海瞿昙寺
千山寺观
藏传佛塔与寺庙建筑装饰
泉州开元寺
广州光孝寺
五台山佛光寺
五台山显通寺

6 古城镇

中国古城
宋城赣州
古城平遥
凤凰古城
古城常熟
古城泉州
越中建筑
蓬莱水城
明代沿海抗倭城堡
赵家堡
周庄
鼓浪屿
浙西南古镇廿八都

筑境

中国精致建筑100

周庄

金春明 撰文摄影

中国建筑工业出版社

出版说明

中国是一个地大物博、历史悠久的文明古国。自历史的脚步迈入新世纪大门以来，她越来越成为世人瞩目的焦点，正不断向世人绽放她历史上曾具有的魅力和光辉异彩。当代中国的经济腾飞、古代中国的文化瑰宝，都已成了世人热衷研究和深入了解的课题。

作为国家级科技出版单位——中国建筑工业出版社60年来始终以弘扬和传承中华民族优秀的建筑文化，推动和传播中国建筑技术进步与发展，向世界介绍和展示中国从古至今的建设成就为己任，并用行动践行着“弘扬中华文化，增强中华文化国际影响力”的使命。从20世纪80年代开始，中国建筑工业出版社就非常重视与海内外同仁进行建筑文化交流与合作，并策划、组织编撰、出版了一系列反映我中华传统建筑风貌的学术画册和学术著作，并在海内外产生了重大影响。

“中国精致建筑100”是中国建筑工业出版社与台湾锦绣出版事业股份有限公司策划，由中国建筑工业出版社组织国内百余位专家学者和摄影专家不惮繁杂，对遍布全国有历史意义的、有代表性的传统建筑进行认真考察和潜心研究，并按建筑思想、建筑元素、宫殿建筑、礼制建筑、宗教建筑、古城镇、古村落、民居建筑、陵墓建筑、园林建筑、书院与会馆等建筑专题与类别，历经数年系统科学地梳理、编撰而成。本套图书按专题分册，就其历史背景、建筑风格、建筑特征、建筑文化，结合精美图照和线图撰写。全套100册、文约200万字、图照6000余幅。

这套图书内容精练、文字通俗、图文并茂、设计考究，是适合海内外读者轻松阅读、便于携带的专业与文化并蓄的普及性读物。目的是让更多的热爱中华文化的人，更全面地欣赏和认识中国传统建筑特有的丰姿、独特的设计手法、精湛的建造技艺，及其绝妙的细部处理，并为世界建筑界记录下可资回味的建筑文化遗产，为海内外读者打开一扇建筑知识和艺术的大门。

这套图书将以中、英文两种文版推出，可供广大中外古建筑之研究者、爱好者、旅游者阅读和珍藏。

目录

周庄

乘船沿运河离苏州南下，人们发现岸边紧靠着现代高速公路的是古代驿道，古老的宝带桥像彩带联结着过去与现代。千年古运河如今依然繁忙，这种传统与现代并存的景观在我国城乡依稀可见。

在长江下游太湖流域，江苏南部和浙江北部地区，遍布着浩波碧绿的湖泊与星罗棋布的池塘，状若蛛网的纵横河渠连着湖面，形成七分水面三分地的水乡特有地貌。众多的湖泊中，较大的太湖、阳澄湖、淀山湖等被称为“湖”，较小的如桃花漾、金鱼漾、黄天荡等被称作“漾、荡”或“潭、塘”等；浅水湖泊称作“淀”，如白洋淀等；水乡的小河称为“泾、浜”，如荷花浜、沙家浜、菱泾等。南北向的河称为“浦”，东西向的称为“塘”。古镇周庄，就处在上海青浦区的北白荡与江苏吴江市白蚬湖、澄湖和明镜湖的怀抱之中。

图0-1 周庄镇西口
是小船从白蚬湖、南湖进镇的主要入口，经中市河穿贞丰桥可达古镇中心。左边是通秀桥。这里蓝天碧水，黑瓦白墙，一派水乡景色。

图0-2 周庄镇鸟瞰

周庄古镇，站高处鸟瞰，灰瓦白墙，古镇风貌尽收眼底，无论夕阳西下，还是白云蓝天，灰色的瓦面，色彩总是变幻无穷，时而偏冷，时而偏暖，时而笼在烟雾中，时而又身披霞光五彩斑斓。

恬静的古镇周庄，离繁杂喧闹的大都市上海、苏州只有40多公里，然而人们来到周庄，会感到一种巨大的反差，似乎时光倒流到过去的岁月，在宁静清澈的河水间，在幽谧古老的街巷中，那淳朴的民风、古老的水乡风貌，使人流连于小桥流水之间，乐而忘返。

“粉墙风动竹，水巷桥通舟”。河道纵横、人家枕水的周庄，石桥横梁、舟河穿行、阶埠入水，一派江南水乡的恬美风光。“驳岸拱桥水巷，青瓦朱栏白墙，小船水埠吴音，骑楼商幌花香，窄街门楼石板，漏窗隔扇雕梁”。一幅水乡建筑的美妙图画，在周庄被完整地保存了下来，著名画家吴冠中称之为“中国第一水乡”。

周庄镇的辖区内面积约38.5平方公里，东西宽约4.5公里，南北长约8.5公里。行政区分周庄镇、浜湖乡、双湖乡、太史乡等共21个行政村镇，62个自然村。周庄镇面积1平方公里，其中0.53平方公里是新区，其余为水乡古镇。古镇河道呈井字形结构，由东西向的后港、中市河与南北向的南北市河、油车漾构成。河道两边景观变化丰富：中市河一边有一条步行石板街，另一边是紧靠着青瓦白墙的民居。普庆桥边，有一段粉墙夹河而立，过街楼横临街上；贞丰桥旁，有话不尽近代文人逸事的"迷楼"；蚬园桥端，突出于屋瓦之上的封火山墙，清新雅致；梯云桥侧，一面凤凰茶楼水光映着画栏，另一面在碧波中照出粉墙青瓦。南北市河更是风景迷人，有跨水的虹桥和倒影成趣的富安桥，桥上屹立着四座古色古香的桥楼。每当薄雾轻笼，在桥上看南北市河上来往的船只，听楫橹击水之声和熙来攘往的吴音软语，仿佛置身于古代风俗画之中。

图0-3 中市河景

站在梯云桥上，视点较高，两边房屋造型生动，远处蚬园桥下，摇来一船水鲜，河里映着两边建筑的倒影……

南北市河上是周庄景观较密集的地段。有元末明初江南首富沈万三的故居沈厅、明代建筑的张厅，有著名旅美画家陈逸飞画过的双桥（又称钥匙桥），该画后制成1985年联合国教科文组织选作的首日封，还有沈厅和城隍弄两个江南少有的水墙门以及古朴的太平桥，并集中了一些古老的民居、过街楼和骑楼。

从上海、苏州去周庄，当日可以往返，但只能走马观花，若在镇上逗留数日，则可细细品味。当你走过那一条条碎石街，徘徊在水边

图0-4 中市街鸟瞰

从迷楼西面看古镇。细雨蒙蒙，瓦面反射着天光，迷楼的朱窗在绿树映衬下显得分外清新。

图0-5 北市河景

粉墙在倒影里摇曳，商幌在街风中飘扬，远处虹桥跨水，近处河埠石阶，一派恬静的水镇景象。

小桥时，会有一种不可名状的清新之感，若流连于酒楼、茶肆，与当地人侃谈，在商店中品味着各式各样的工艺古董，或划着小船悠然荡漾在水乡泽国中时，将给你留下难以磨灭的印象。

像运河边的古驿道时断时续，但终于消失了那样，江南水乡地区的独特风貌也正以很快的速度在消失，例如绍兴已不再是鲁迅先生笔下的水乡，在绍兴的孙端乡、皇甫庄，几乎找不到一栋老房子；苏州柯桥也没有了《林家铺子》里的景象，“东方的威尼斯”仅留下了平江区那一条街。然而，周庄却留了下来，虽然已不是几十年前的原汁原味，但她毕竟留了下来。

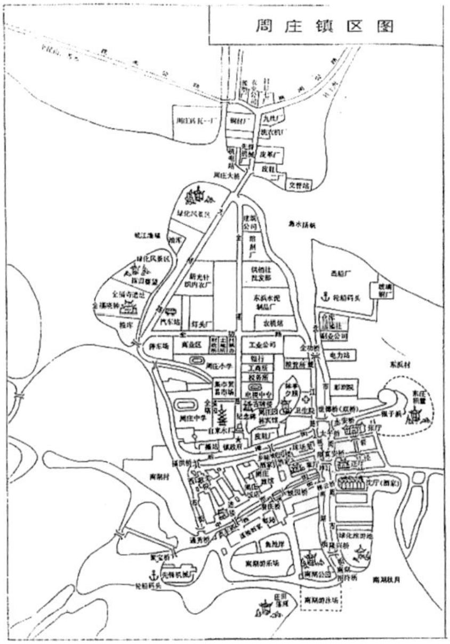

南宋–明初

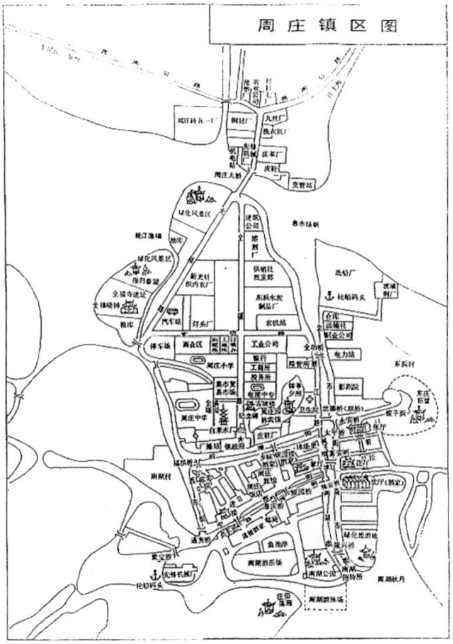

明初–清初

清初–民国

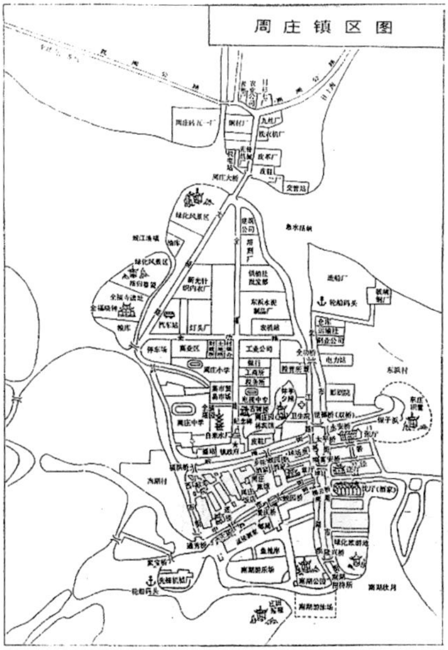

1990年代

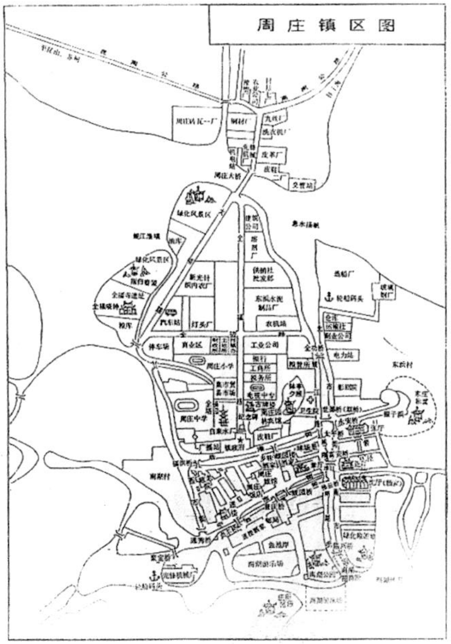

图0–6 周庄镇区图

一、怀古述今

图1-1 周庄牌楼
“贞丰泽国”牌楼，位于由新区进入古镇的街口，1990年新建，是进入古镇的标志。旁边是仿古建筑，经过牌楼向左跨青龙桥便进入古镇。

图1-2 全福塔/对面页
是镇自来水公司内的一座仿古水塔，建于1987年，共五层，高33米，水塔藏于古塔之中，造型纤秀，为全镇的制高点。塔名“全福”，是对全福寺的纪念，也是祈全民幸福之意。

周庄境域古为吴王少子摇和汉越摇君封地，距镇不远，即有村庄称“摇城”。在急水港北的太史淀，1976年出土了一些从原始社会到宋代的文物，经南京博物院考古部鉴定认为，太史淀是一个从原始社会至宋代的部落遗址。清代陶熙《周庄镇志》也认为：“太史田，相传为宋贾似道田庄淹没成湖，当水浅时见有古井数口，想必有人居住于此。”可见周庄地区早在原始社会就已有先民居住。

周庄镇旧名贞丰里，唐通天元年（696年），苏州置长洲县。周庄地属长洲县苏台都贞丰里，后改为乡，仍称“贞丰里”。北宋元祐初年（1086年），在此务农设庄的周迪功郎信奉佛教，将农田200亩赠建全福寺于白蚬湖的东畔，百姓感其恩德，将这块土地命名为“周庄”，始有了周庄之名。靖康之变，二十相公金和随宋室南渡，定居于周庄，人烟才逐渐稠密。元朝中叶至顺年间吴兴富家沈祐携子

图1-3 道路铺地
水镇的道路铺地丰富，在用材上有石块、青砖，还有碎石等，在铺法上有横铺、斜铺等。由于镇内不走车，所以没有纵向石块铺地。

沈万三由湖州南浔迁徙至周庄东面东坨村（元末迁至银子浜附近），因经商而逐步发展，使周庄出现商业化市镇的雏形，并日渐繁荣，形成了南、北市河两岸以富安桥为中心的旧集镇。元代时仍属苏州府长洲县，明代中期属松江府华亭县。清初又复旧长洲县辖区，清康熙初年，原“贞丰里”正式更名为“周庄镇”。

清雍正三年（1725年）周庄镇因元和县一分为二，约五分之四属元和县（今吴县），五分之一属吴江县。此时周庄两县分治，乾隆二十六年（1761年）江苏巡抚陈文恭将原驻吴县角直镇的巡司署移驻周庄，管辖澄湖、黄天荡、独墅湖、尹山湖和白蚬湖地区，面积几乎有半个县范围。1949年后，属吴县角直区。1952年归昆山县（现昆山市）管辖。周庄历史上属昆山、吴江、松江三不管地区，元末明初以来的商业繁荣以及沈万三在周庄的出现，都不是偶然的，它与周庄独特的地理位置、海上

图1-4 老墙花窗

当你不经意地走进周庄一条弄堂时，常常会看到在高高的老墙上方，开着各种纹样的花窗。墙上长满青苔，剥落的泥灰裸露出青灰的老砖，引起人们对古镇的遐想。

图1-5 世德拱桥/后页

从世德桥圆拱看北市河，水巷驳岸伸向远方。船家摇来一船西瓜，沿河埠停泊叫卖。

丝绸之路以及近代上海的繁荣都有关系。周庄西北从水上可由太湖进入长江，连通海上丝绸之路，东面可由青浦到上海，尤其元、明两代以来，水上交通更是发达，纵横交错的湖泊可作自然屏障，躲避兵匪侵扰，闹中取静，进出便利。如今镇中的银子浜就相传是沈万三的藏银之处。在个人利益与安全得不到保障的中国封建社会，周庄无疑是商家眼中的风水宝地。

周庄四面环水，素有“水上桃园”的美誉。目前，古镇区井字形的水道网络上，依河形成八条街道，中市街、西市街、东市街、后港街、南北街、北市街、南湖街及西湾街。老街宽度均在2米左右，最长的中市街和南北市街为商业中心，长达百余米，街道两旁店铺百余家，民国期间所铺设的路面各段不一，有石条、碎石、方砖斜角铺砌等。1949年后，在基本保持水乡古镇特色的基础上拓宽了贞丰弄，蚬园弄，沟通了中市街和后港街，重修了永安桥，拆了中市河古木桥，整修石驳岸1000余米，疏通了河道，下水道等，维修了中市街、南湖路等路面。20世纪70年代前，建了镇中礼堂和体育馆。70年代后，相继建了影剧院、商场、旅馆、卫生院、银行和邮电局等，并在主要街道上安装路灯，1986年，根据专家、学者的意见，制订了“水乡古镇周庄总体及保护规划”。同年开始修缮沈厅，翻修和扩建了南湖滩、驳岸及石河埠，并在石驳岸上架设铁栏60米，1987年修建了富安桥，重修了双桥景点，同年着手开发新区，并动工兴建急水港大桥，急水港大桥桥面宽12.5米，长344米，水面跨度

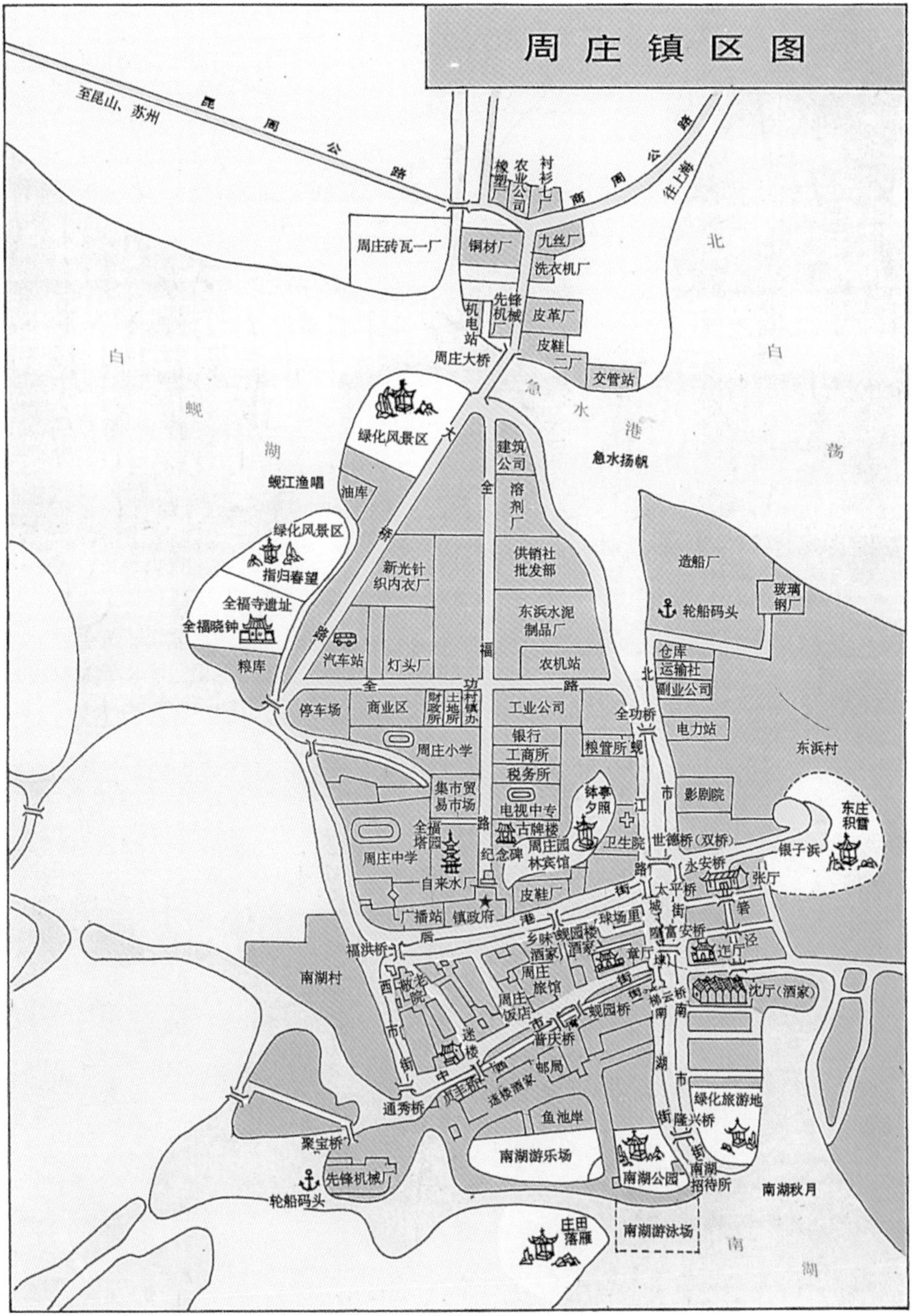
周庄镇区图
至昆山、苏州
昆周公路
商周公路
往上海
周庄砖瓦一厂
铜材厂
九丝厂
洗衣机厂
机电站
先锋机械厂
皮革厂
皮鞋二厂
交管站
周庄大桥
急水港
急水扬帆
白蚬湖
白蚬荡
蚬江渔唱
绿化风景区
指归春望
全福寺遗址
全福晓钟
粮库
油库
大桥路
全福路
全功路
建筑公司
溶剂厂
供销社批发部
东浜水泥制品厂
农机站
新光针织内衣厂
汽车站
灯头厂
造船厂
轮船码头
玻璃钢厂
仓库
运输社
副业公司
停车场
商业区
财政所
土地所
村镇办
工业公司
全功桥
电力站
周庄小学
银行
工商所
税务所
粮管所
东浜村
集市贸易市场
电视中专
钵亭夕照
影剧院
全福塔园
古牌楼
周庄园林宾馆
卫生院
世德桥(双桥)
东庄积雪
周庄中学
纪念碑
蚬江市路
银子浜
自来水厂
皮鞋厂
永安桥
张厅
广播站
镇政府
太平桥
后港街
城隍街
福洪桥
乡味酒家
蚬园楼酒家
球场里
富安桥
箬泾
南湖村
敬老院
周庄旅馆
章厅
沈厅(酒家)
西市街
周庄饭店
蚬园桥
梯云桥
南湖市街
迷楼
普庆桥
中市街
邮局
通秀桥
贞丰桥
迷楼酒家
鱼池埠
绿化旅游地
隆兴桥
聚宝桥
南湖游乐场
先锋机械厂
轮船码头
南湖公园
南湖招待所
南湖秋月
南湖游泳场
庄田落雁
南湖

图1-6 周庄镇发展图

128米，1987年3月动工，1989年5月竣工，在大桥竣工之前，周庄历来都摇船渡江入镇。

周庄镇最早由南市街南湖路一带夹河而建，渐向北发展，形成北市街、城隍弄和蚬江路，再沿中市街向西发展，沿后港街和西市街形成古镇。周庄，不仅地理位置优越，环境优美，而且历史上出现了不少优秀人物，历代考上进士，举人的有20多人。先后寓居或游钓于此地的著名人物有张季鹰、刘禹锡、陆龟蒙等，江南首富沈万三自元代定居周庄，并在这发展盛衰。进入20世纪以后，周庄人士叶楚伧加入由陈去病、高旭、柳亚子等人发起的“南社”，并在周庄创办剧社，宣传革命。袁世凯窃国后，周庄人王大觉在周庄愤而起草“字字苍生痛哭声”的《讨袁檄文》。民国初年，柳亚子、王大觉、叶楚伧等人相聚周庄，赋诗韵曲，欢饮于贞丰桥畔的迷楼上，并出版了《迷楼集》，使周庄迷楼名声大振，镇上加入南社成员达数十人，使周庄在中国近代史上留下了光辉的一笔。

二、小桥流水

桥是构成水乡独特魅力的重要因素，它给纵长的河道增添了横向联系，千姿百态的各种桥造型又丰富水乡景观，水乡河道纵横，因而桥也特别多。宋代白居易在吟苏州诗中就有“红栏三百六十桥”之句。原甪直古镇，仅一平方公里的面积就有40座桥，苏州葑门外，澹台湖与运河之间，宛如一条长虹的苏州宝带桥，如长虹卧波，鳌背连云。像这样横卧了千百年的古石桥在水乡还有不少。苏州的桥可以说是古代桥梁的集锦，根据水陆交通功能的要求，它的形式千变万化，有拱桥、平桥、折桥、廊桥、亭桥等。桥，同时又是水乡的集贸市场、交易场所，还是水乡人最喜爱的休息谈天、聚会纳凉之处。白天，桥是交通或经商之场地，每当夜幕降临，人们又坐桥上或吃饭聊天，或品茗聚会。水乡的桥，充分体现了空间和时间双重功能的重叠。

“小桥、流水、人家”是元代诗人马致远脍炙人口的名句，也是周庄水乡的真实写照。周庄古镇在不到0.5平方公里的面积里有各种形状的桥12座，其中有元、明、清代建的石桥10座。桥下舟楫摩接，桥上人流往来，天光水色辉映，拱洞连影成环，夜来空透一轮明月，鳞次楼影碧波重重。当你乘小船游周庄小巷时，你会发现水中还有一个周庄：河水映着小桥清澈的倒影，水巷驳岸上一块块雕刻的缆船石和那石拱桥上倒挂的藤蔓……

苏南一带石桥，也许是水流平缓原因，都没有杀水桩，而在桥栏石外下方，却都有向外

图2-1 太平桥

位于后港东口，连接城隍埭和蚬江街，建于明朝嘉靖年间（1522—1566年）。清乾隆三十六年（1771年）重修，桥梁刻有莲座图案。桥边，古老的民居粉墙青瓦，屋面错落有致，景色古朴、秀美，成为周庄最佳景点之一。

图2-2a 双桥之一的永安桥
双桥一横一竖、一方一圆，阳光下虚实对比强烈。周围民居的大屋顶和粉墙把双桥衬托得更加突出。无论任何时候，双桥都很入画。

挑的石块，石面上有洞眼，据当地老人说，是以前插杆子，上面挂路灯用的。

周庄最具代表性的桥有双桥、富安桥、贞丰桥、福洪桥和太平桥等。双桥，又称钥匙桥，由世德桥和永安桥纵横相接组成，位于镇东北，由于两桥一横一竖，桥洞一方一圆，形状很像古代使用的钥匙，当地人便称此桥为“钥匙桥”。双桥中，世德桥横跨南北市河，为圆拱造型，桥头有石阶引桥，伸入街巷；永安桥在银子浜口，为石梁平架桥，桥下仅能容小舟通过。双桥建于明万历年间（1573—1619年），乾隆三十年重修，道光二十三年又由镇中人捐资重建，世德桥长16米，宽3米，跨度5.9米；永安桥长13.3米，宽2.4米，跨度3.5米。

清澈的银子浜和南北市河在这里交汇成十字，河上两座石桥联袂而筑，显得十分别致。

图2-2b 双桥之一的世德桥

两桥一方一圆，一纵一横，在上午的阳光下，世德桥受光，永安桥背光，下午的光线中拱桥背光，方形桥受光，一虚一实相得益彰。无论是碧波泱泱、绿树掩映的夏日，还是烟雨朦胧、桃花水涨的春天，或孤鹜落霞、夕阳映照的秋季和小桥残雪、深拱映波的冬日，双桥都是那么美，那么富有神韵。当村民们划着满载西瓜的小船从桥洞中渐渐驶进，牵着牯牛的农夫缓缓地踏上桥阶，河畔黑瓦白墙高低错落，这小河、桥拱、白墙、青瓦、蓝天、碧水吸引了多少中外游客。也吸引了许多画家在这里挥毫。其中留美画家陈逸飞所作《故乡的回忆》油画，连同他的系列水乡风景画，被美国报刊誉为一首首抒情的诗篇和美妙的乐章。这幅画后被美国西方石油公司董事长阿德曼·哈默先生购得收藏，在访问中国时他又将此画赠给邓小平先生，被各界传为佳话。《桥》，陈逸飞另一幅关于周庄的著名油画，1985年被联合国教科文组织选作首日封，从此双桥和周庄便走向了世界。钥匙桥像一把开启国际交往友谊大门的钥匙，使世界更多的人了解江南水乡，了解古镇周庄。

1. 富安桥

位于古镇中心中市街的东端，横跨南北市河之上，相传古代这里有总管庙，原名总管桥，元至正十五年（1355年）由里人杨钟始

图2-3 富安桥/对面页

拱桥连着朱楼，碧水映着楼桥，景色十分迷人。坐在凤凰茶楼上沏上一杯香茶，临窗看往来船只，波光水色，其乐无穷。

建，直至明代初年才建成。据说是沈万三的弟弟沈万四捐资修建，他不愿意重蹈其兄沈万三覆辙，主动为乡里办好事，修桥铺路，富安桥的桥名也表达了他致富以后祈求平安的心愿。

富安桥为单孔拱桥，桥长17.4米，宽3.8米，跨度6.6米，原为青石饰面，清咸丰五年（1855年）重修，改为花岗石桥面，并加石阶于东西两端。桥顶部中间为平面，刻有浮雕图案。桥身四角各有桥楼，临波拔起，遥遥相对，人们在桥楼上品茗饮酒，凭栏眺望，别有一番味道。桥上有五块江南少见的武康石，采自湖北武当山与陕西安康交界处的山崖间，不易磨损，较长的一块在桥东作行人坐歇的栏杆石，一块作桥阶，另三块铺在西桥墙。

四个桥楼于1987年重修，东南面桥楼与沈厅酒家过街楼相连。内部成为一体，西面两座桥楼，底层在桥下朝西临中市街口开门设店，

图2-4 梯云桥
俗称褚家桥，位于中市，连接南湖街与中市街，清乾隆二十九年（1764年）建，清道光七年（1827年）重修，桥长11米，宽2.6米。桥旁驳岸上设置石栏杆，两边民居夹河，后面秀楼耸立，高低错落虚实相映，为周庄佳景之一。

图2-5 贞丰桥
因旁边的迷楼而声名远播。秀水映着迷楼倒影，拱桥石栏环洞卧波，白墙驳岸，相映成趣。

二层在桥上，茶楼、酒店相对而设，整个桥飞檐朱栏，雕梁画栋，为江南水乡目前留存的少数桥楼合着一体的建筑物。

2. 贞丰桥

贞丰桥位于周庄镇西，西湾街的中市河西口上。由于周庄古名贞丰里，故桥由此得名。贞丰桥建于明崇祯七年（1634年），单孔石拱桥结构，连接中市街贞丰弄和西湾街，清雍正四年（1726年）重修，桥长12.2米，宽2.8米，跨径4.4米。

贞丰桥上斑驳的磨石，石隙间满布青苔，桥北端西侧有一小楼，曾是“南社”成员柳亚子、叶楚伧、陈去病等人聚会之处的“迷楼”，桥与楼相得益彰。另一侧是粉墙斑驳

图2-6 普庆桥/前页
位于中市街原圣堂前，故俗称"圣堂桥"，清雍正四年建，桥长11.5米，宽2.5米，跨度4.4米。普庆取"普天同庆"之意。桥东，两边粉墙夹河，封火墙高耸；桥西，原中市河两边全是夹河的房屋，后拆毁掉，现仅留下了这一段。

的老屋。在桥上看两边风光，只见桥下石阶入水，谁家大嫂在桥边的河埠搓衣洗涤，桥西头镇口河面，不时摇来了一船河鲜，年轻姑娘们的清脆叫卖声，犹如悠扬悦耳的乡歌。

3. 福洪桥

在后港西口，有一座造型别致的石梁桥，桥身呈平面，清康熙年间建造，桥长16.4米，宽2.1米，跨度4.7米，桥身中间的石条上，刻着对称的图案，中间镌有"福洪桥"三字，由于地处偏僻，一般游人较少去，但它却有一段悲壮的故事。相传太平天国年间，有一支太平军从外地流落于此，当地豪绅十分恐慌，他们勾结清政府伺机将太平军镇压下去，在洪福桥上残酷地杀害了几百名太平军士兵，鲜血染红了福洪桥。由于"红"跟"洪"的同音，为纪念壮烈牺牲的太平军士兵，当地人们把福洪桥称为"洪桥"。一百多年过去了，洪桥的名字一直沿用至今。

图2-7 周庄石桥
（张振光 摄）
周庄内河网密布，石桥相联，往往是在石桥两侧，即是一个集市聚集地，而沿河两岸，密布房屋夹河，历史厚重。

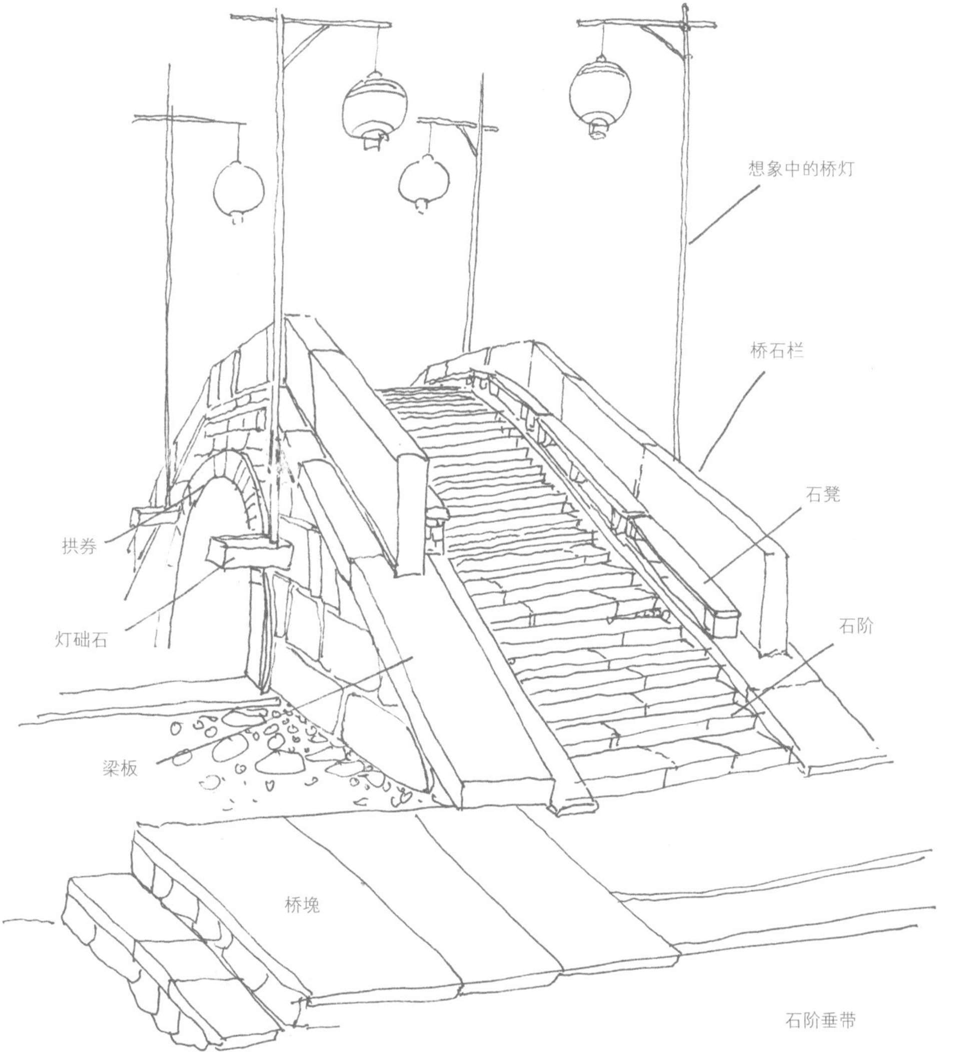
想象中的桥灯
桥石栏
石凳
拱券
灯础石
石阶
梁板
桥堍
石阶垂带

图2-8 苏南石桥结构图

图2-9 江南常见石桥造型

亭桥二种

廊桥

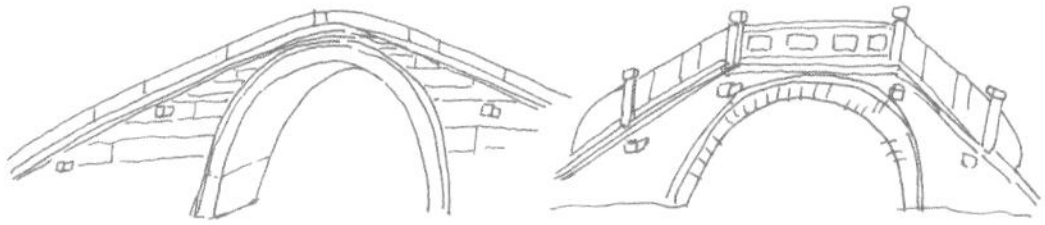

石拱桥二种

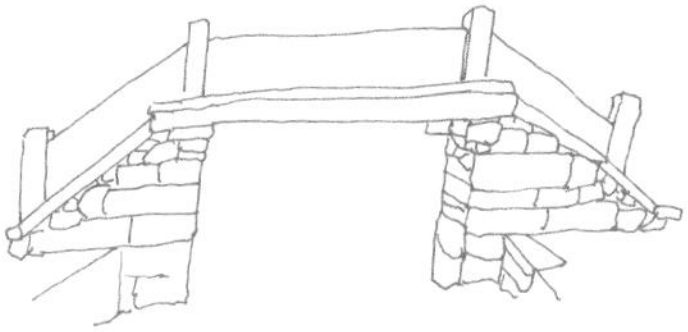

方形石梁桥

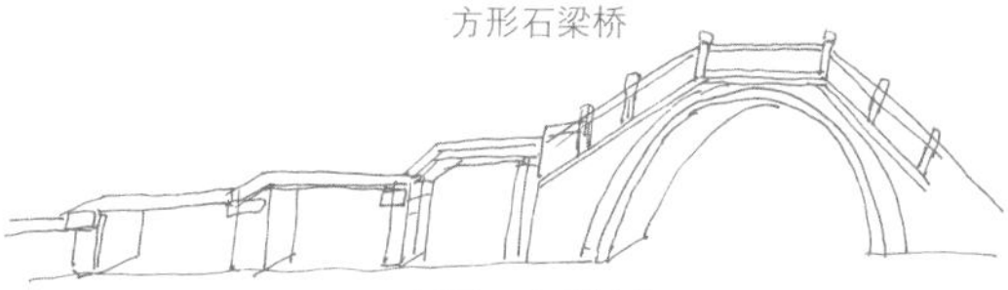

圆拱、方桥结合

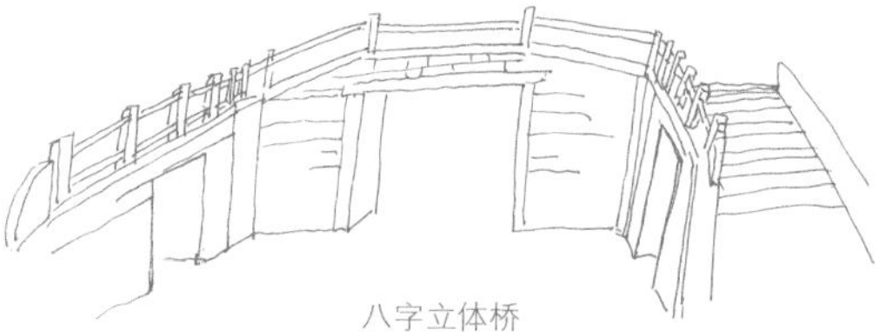

八字立体桥

三、老街印象

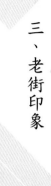

周庄由于水多地少，故街道不宽。周庄的街道以前一般在2米左右，后来拓宽了点，目前宽约三四米。像张厅、沈厅和许多明清时期的深院老宅都隐藏在这些不宽的街巷后面。周庄古镇街道地面铺装较丰富，大多用石板横铺，也有用青砖斜铺和用卵石、碎石杂铺的。由于水镇主要靠船运物品，所以街道上一般无车辆行走，较窄的街道也能适应步行的需要。路面下是排水沟。街道两侧商店毗邻，店面有一开间的，也有数开间的，门前招幌林立。许多商店是前店后宅，或上宅下店，有的店后有库房或作坊，有的直接从店门进入内室，有的则在店侧开小弄直达内院。店铺都是开敞式的，除了药铺、钱庄、当铺等需要封闭以外。古镇小街每隔一段总会伸出一个支巷或石阶直插入水边或通往许多户人家。漫步在周庄的商业街上你会发现笔直的街不时会有几家店面向前伸出，使街道空间曲折，街景也随之变化。这也许是商人的竞争心理驱使。从中市街的“周庄棋苑”到“迷楼”一段，两边街景变化丰富。沿街建筑的屋檐形成的变化也很有韵味，时而仅露一线天，时而又较宽，阳光直射入街。两边犬牙交错的屋檐和地面上的一线阳光，在正午时形成天地两条光带，十分有趣。小街两侧，每隔一段总有引人注目的封火墙，突出于瓦顶之上，不仅剪断了纵向的店面雨檐使天际线变化丰富，重要的是它有防火蔓延、

图3-1 中市街/对面页

为周庄主要商业街，以蚬园弄口为界，分为东市街与西市街，东市街商业较为密集，西市街除一些商店外，还有一些名胜景点，如迷楼、棋苑、澄虚道院、三毛茶楼等。

貞豐客棧
向西20
迷樓
TIENTSIN YA PEARS

封断火路的作用。时而出现的骑楼、过街楼横过街道，分割了空间而割不断视线。周庄的骑楼分布在南湖街、城隍埭、后港街等处。骑楼多以砖拱门洞支撑，形成似截断而又可通行的线形空间，其上部是封火墙，伸到屋檐之外。也有以梁柱支撑的骑楼，多用尺度很大的木梁或石梁和砖柱结构。

过街楼是水乡街道上常见的，南市街的沈厅酒家过街楼和原沈厅水、旱墙门之间，横跨南市街也有座过街楼，它使小街窄巷的单调景观陡然变化。迎面是小楼画窗，还有雕梁朱栏，横空横越，恰似对景，又增添空间层次。楼上人家占天不占地，又使两边房屋联成一体。如沈厅酒家从街东侧进入，经过街楼右

图3-2 凤凰茶楼

立于富安桥西堍的西端，茶楼与酒肆相对，桥楼建筑古朴、黛瓦雕栏，吻兽飞檐，可供人们歇憩品茗，也可欣赏水巷风光摄影留念，富安桥四座桥楼于20世纪90年代重新翻修。

图3-3 南湖过街楼/对面页

在城隍埭的南湖酒家为一过街楼建筑。城隍埭一带有古老的水墙门、骑楼和过街楼。这条窄长的小街和房屋基本保留了原街道的格局。

南湖酒楼

图3-4 沈厅酒家
沈厅酒家过街楼位于南市街口沈厅旁边，东面与富安桥楼相接。木结构的过街楼，将街两边建筑连接起来，使之成为一个整体。

图3-5 城隍埭骑楼/对面页
城隍埭原为街侧骑楼，后来临河也盖了房子。骑楼为砖拱结构，临北市河有个水墙门。

拐，过临水的西街楼，便进入富安桥楼。一家酒店靠街临水又骑桥，可谓占尽了水乡的天地景致。

周庄古镇的商铺多集中在中市街、南北市街、城隍埭和蚬园弄的两侧，在一面临河的西湾街、后港街，只在一侧有建筑物，所以清静多了。

周庄与江南山区村庄不一样，不是聚族而居，没有家族祠堂，人群中发生是非争执，也没有族长来凭断，只有推出镇上知书达理的读书人和德高望重的长者主持公道，镇中心的凤凰茶楼就成为古镇议事和决断是非之场所。

江南水镇过去最多的是茶馆，每当晨光曦微，人们即踱入茶馆品茗聊天，每隔数十步就能看见漫溢着茶香和热气的堂口。一般来说入茶馆的多为中老年男人，有趣的是周庄却常

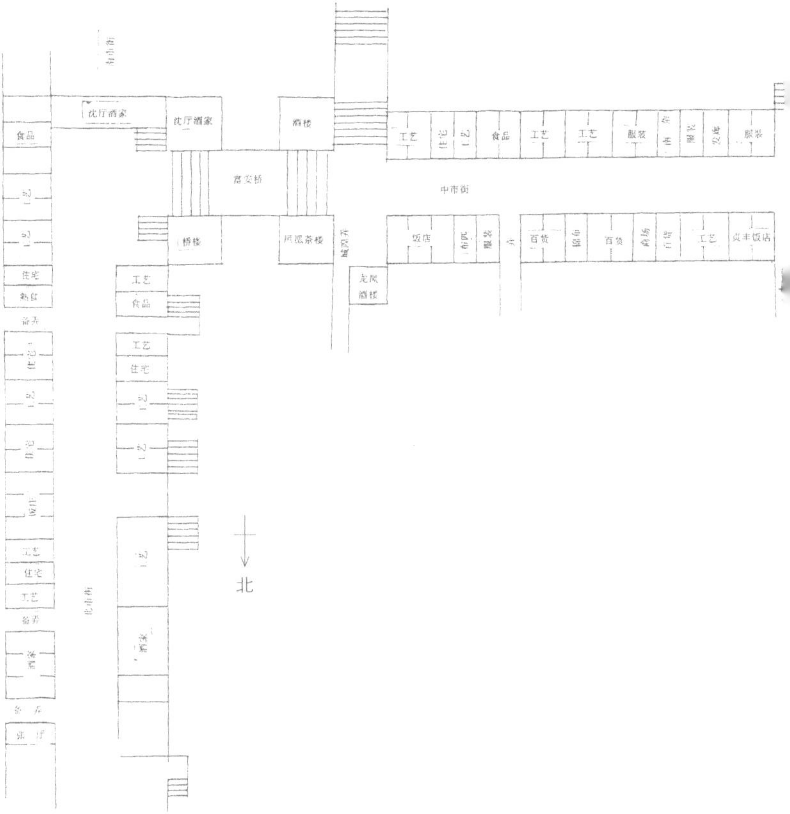

有许多六七十岁的妇女聚在一起，用古老的茶具，较为讲究地喝茶，人称“阿婆茶”。茶馆可供谈天说地，谈生意、歇脚、等朋友，具有交往、娱乐、饮食等多种功能，故常位于桥头、河埠头、街口、河道拐角处等最热闹的地方，可见茶馆是最重要的公共场所。

古时候四乡邻镇的许多戏班子入镇为人们演戏、说书，是居民主要的娱乐活动；谁家有喜事、庆祝活动等都要请戏班子唱台戏庆贺。凤凰茶馆就是与戏班子联络处。什么班子，谁领衔主演，都在茶馆中挂牌，要请的人就在茶楼点班子、定时辰。由于这两件大事都在凤凰

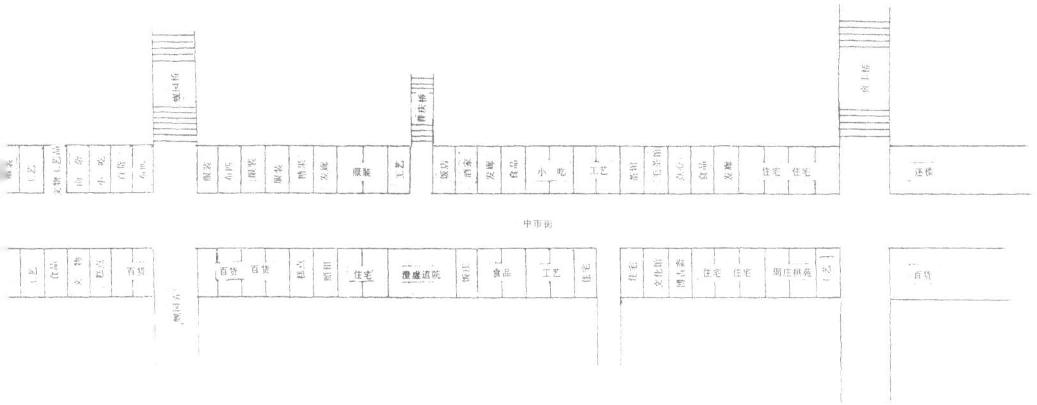

图3-6 周庄主要店面分布图

茶楼进行，所以茶楼成为人们心目中的中心。另外，由于凤凰茶楼位于富安桥上，下可观河埠，上可看街景，船夫在此歇脚品茗也可看住自己船只，所以来往船家多在此歇脚。

还有一家因台湾已故著名女作家三毛曾在此小憩、品茗而得名的“三毛茶楼”，在中市街西面，一边临中市街，一边靠中市河，长长的隔扇门窗大开，坐在临水的美人靠上一边喝茶，一边看着中市河上来往船只和河岸风光。

周庄人喝茶远近闻名，青年男女正式举行婚礼的第二天早上要喝“喜茶”。每年从大年初一开始，轮换到各家去喝茶，叫“春茶”，被轮到的人家，天一亮就要派人逐户邀请，叫“喊吃茶”。新生儿满月，大家来庆贺，其方式还是吃茶，叫“满月茶”。在茶馆里调解纠纷叫“吃讲茶”，用当地话说“凡事要有个讲头”。

周庄的店铺较多的是前店后宅，也有下店上宅的，如中市街的原药店（现文化馆）。位于中市街东口的“龙凤酒家”也是下店上宅的结构。这是一座清代建筑，因大门被一幢新建筑堵住了，所以在东面又新开了大门，大厅用来做酒店，侧房和楼上厢房用来住人，在原大门上还依稀可见“绍武玉山”几个字。

近来周庄街上，随着旅游业的发展，古玩工艺品店非常多，几乎移步可见，却没有什么周庄本地的旅游产品。然而在中市街却有一爿小店，一位吴姓青年店主出售自制的“周庄风景”烙画，深受游人的青睐，水乡的古建风光、小桥流水都被他十分精细地刻画在上面。

周庄店铺依旧保持着十分古老的门板店面，上框下坎都有槽子，门板嵌在槽里一块压着一块，有的门槛还包着铜皮，年长日久铜皮磨得铮光。在门槛后面有个插孔，是插门用的，两边有两个小环，拉环即可拿掉门槛。大多数店铺打烊后，留下一扇插门栓的门扇作出入用。店门上设有一个小窗孔，上面安着一把暗锁，把这小方孔打开伸手开启后面门栓，门即可推开，既经济又安全。走在小街上，随处可见在店面后方的老式木制柜台，交易十分方便。精明的商家操着吴音向人们推销商品，讨价还价，一片繁荣景象。这里的民风依然很纯朴。

四、书香人家

在周庄的近千户民居中，明、清、民国时期的老屋占百分之六十左右，其中有古宅近百座，仅砖雕门楼就有六十余个。有的古宅外貌并不惊人。走进去却让你意外地发现雕刻精致的门楼，或不时看到一些明、清时的斗栱、梁椽。除著名的沈厅与张厅外，另外还有明代建筑迮厅与章厅和冯元堂、叶楚伧故居等。迮厅在富安桥边北市街上，章厅位于中市街东面。迮厅系明崇祯年间吴江旧族迮文焕自草塔迁居周庄后所建，目前，主厅已不复存在，仅存庭柱，覆盆式青石柱础和后屋残存的形式古老的门窗，默默地向人们诉说逝去的岁月。迮厅旁还有一座蒋厅，原是与迮厅并列在北市街上的，其后门直抵河埠。蒋厅和迮厅都有六进，当地人说这种规

图4-1 水乡人家
银子浜河道在这里分汊，弯进了水乡人家。居民在水上架廊联结两侧房屋，真是“水从家中过，人家尽枕河”。

图4-2 临水的长窗/上图

南市河边驳岸上，白墙夹着花格长窗，窗内的人们坐在贴窗的美人靠上，一面品茗叙谈家常，一面观水光船桥。临水的长窗也有下面固定不开窗而做木裙板的。

图4-3 凤鸟椽栿装饰/下图

现文化馆建筑内，老屋正厅顶部拱形梁椽上，朱漆镀金的凤鸟雕刻，雕工十分精细，不仅在椽栿的下方作重点装饰，在两侧也有竹子图案，至今保存完好。

模的房子以前还有不少。章厅为清乾隆年间周庄名士章腾龙故居，他所著《贞丰拟乘》为周庄最早的地方志。清初扩建有两大厅，房屋二十余间，名“绿天书屋”，于清末毁于大火，现仅存两厢楼，位于中市街贞丰饭店旁弄堂内。国民党元老、诗人叶楚伧故居，位于西湾街，坐北朝南，前后三进，始建于清光绪年间，现已重新修复。

冯元堂位于南湖街，清朝道光十八年（1838年）建造，前后共四进，现保存完好。堂气宇宏伟，大门为石库门与苏州一带的大门一样，后面高耸的门楼砖雕上镌“艺兰毓秀”四字。两侧为走马楼，与后进相连。正楼卷棚轩廊上有四个出挑的顶拱，上刻花纹图案，配置弯椽，显得古色古香。

图4-4 花萼联辉门
现文化馆原为一大户人家，临街开设药店，第二进有“诗礼传家”门楼，第三进为“花萼联辉”门楼，是这一带常见的单坡砖雕门楼。

图4–5 梯云桥边老宅

梯云桥，后面湘街口的老房子高低错落。白墙衬着街口的建筑深色的门窗，斑驳的山墙接着屋瓦，小桥流水，景色十分入画。屋隅有凤凰求偶、喜鹊戏梅等雕饰，雕工精细无比。

图4-6 蚬园桥边封火墙

蚬园桥横跨中市河中段，与蚬园弄相连，桥边民居白墙黛瓦、朱漆格扇，变化丰富的封火墙和观音兜山脊、翘角飞檐，虚实相映，清新雅致。

图4–7 民居外墙
太平桥边的古老民居，剥落粉墙上的三扇琉璃窗，墙后屋顶下的木隔扇和墙下部的麻条石，它们组成的虚与实、粗犷与细腻的对比，以及轮廓线的变化，都十分有趣。

周庄的中市街现文化馆，原为前店后宅的古屋，共三进院。第一进门楼镌“箸礼世家”四字，第二进门楼上镌“花萼联辉”，进入第三进便是一座雕梁画栋十分精致的正厅。此宅前为一层，后为二层，在第二进天井内三面环楼，是走马楼结构。

江浙一带水乡民居，稍具一点规模的，都取前厅后堂形制，功能分明。三至五进宅院，一般都有厅房、绣楼、轿厅、书房等。后堂为女眷活动与家长休息之所，卧室多在楼上，活动余地较大。一般外人、男宾不得进入后院。深宅大院有层层院落与市井嘈杂隔绝，主人在这里能享受到世外桃源般的乐趣。

在天井中的石条凳上置放着花木盆栽，桂树玉兰散发出阵阵清香，阳光透过长窗投下变幻的光影，燕子飞入檐下叽叽鸣叫。窗明几净，鸟语花香，完全没有商贾市侩的纷扰，清雅安适，洋溢着恬静的书卷气息。“小楼一夜听雨声，深巷明朝卖杏花”，是旧时文人有感而发的真实写照。

五、沈厅荣华

图5-1 沈厅旱墙门
此门十分朴素，门额上的浅浮雕与二楼木隔扇相连，是门的唯一装饰。门厅中间置一屏风以遮挡视线。

周庄的繁盛与元末江南首富沈万三有关。沈万三，名富，字仲荣，万三为民间俗称。万三者，万户之三秀也，“三秀”为巨富的别名。沈万三原籍湖州南浔沈家漾，元代中期随父沈祐迁至周庄东垞，以躬耕起家后迁至周庄银子浜。相传曾得吴江汾湖陆德源家巨资。凭借白蚬湖西接京杭大运河，东北经浏河出海的地理优势，以周庄为立业基地，开始他的“竟以求富为务”的内外贸易。迅速成为“资巨万万，田产遍天下”的巨富。明初，他资助筑南京城墙，从洪武门到水西门一段，占南京城墙三分之一。也许是太有钱了，继而还主动要犒劳朱元璋的百万大军，百万银一掷，竟毫无吝惜之态，朱元璋恐其富可敌国，置其篡军之死罪，后改流放云南，家产抄没，沈家开始衰落。

图5-2 松茂堂

松茂堂为沈厅的正厅，是迎接宾客和家中商议大事的地方。厅内中间靠后设隔板，将空间分为前后两部分。从两边侧门可进入候堂廊子和后院。左面墙的上方有一小木板窗，为家中女眷窥视来宾时的小窗。

沈家的后代到了明末清初，又兴盛起来，沈厅由沈万三后裔沈本仁于清乾隆七年（1742年）建成。据《周庄镇志》记载：“沈本仁早岁喜斜游，所交者皆是匪类及父殁者。有言：不出三年，必倾家者。本仁闻之，仍置酒召诸匪类饮，各赠以钱，而告之曰：‘我今当为支持门户，计不能与诸君游也！’由是，闭门谢客经营农业，于所居大业堂侧拓创敬业堂宅，广厦百余椽，良田千亩，遂成一镇巨室。”沈厅位于周庄镇富安桥东堍南侧的南市街，坐东朝西，七进五门楼，共有大小厅房100多间，占地2000多平方米，为周庄宅院之首。

沈厅原名“敬业堂”清末改为“松茂堂”，全宅由三部分组成：前部为水墙门，临河埠，是停靠船只上下货物的码头；中部为旱墙门（也称墙门楼）和茶厅（轿厅）、正厅，是接送宾客和议事之处；后部为大堂楼、小堂楼、后厅屋，是生活起居之处。整个建筑为“前厅后堂”的格局，两边设有长弄直通后厅屋。前后楼之间，均由过楼和过道阁连接，形成一个大的“走马楼”结构，为同类建筑中所仅见。

正厅：也称松茂堂，进深与面宽均为11米，呈正方形，前有轩，后靠院墙，由两侧过廊可径入后院。大厅中悬挂泥金大字“松茂堂”，为南通状元、国民政府一任农工商部长张向所书。梁柱粗大，上刻蟒龙凤等纹饰。厅前院落西为第三进门楼，也是全宅五座门楼中最壮观的一座，其造型与尺寸可与苏州网师园“藻耀高翔”门楼媲美。门楼高达6米，砖斗栱上承飞檐，翼角高昂，两侧有垂花莲柱。砖雕深五层，结构紧凑，正中画屏式匾额之中，刻有“积厚流光”四字。四周额枋刻有精细的梅花浮雕，其余镌有人物、亭台楼阁等，远、中、近三景层次分明，人物神态各异，雕工精细，构思巧妙，为周庄门楼之最，可惜在“文革”中部分已被损坏。

大堂楼的梁架造型浑厚，均为明式圆形，地板大多采用60厘米宽的单幅松板，栏杆与窗棂制作也较为精致。大堂楼与前厅建筑风格有所不同，属徽派。楼后过天井，两边又有两个小天井，有楼梯上至二楼，楼上为主人卧室。室中有用工千余、历时三年、耗银千两制作的“千工床”，现原物保存完好。二层走马楼从

图5–3 积厚流光门/上图

此门为正厅前的砖雕门楼，十分壮观，高6.5米，有砖雕五层，刻有十组戏文图案，并有红梅迎春，山水，花卉等，刻工精美。

图5–4 走马楼/下图

二楼全部以廊连接形成一走马楼结构，从最后面的小姐绣房可达前面的临街墙门，再经过街楼可达水墙门楼上。

图5-5 沈厅平面图（七进五门楼）

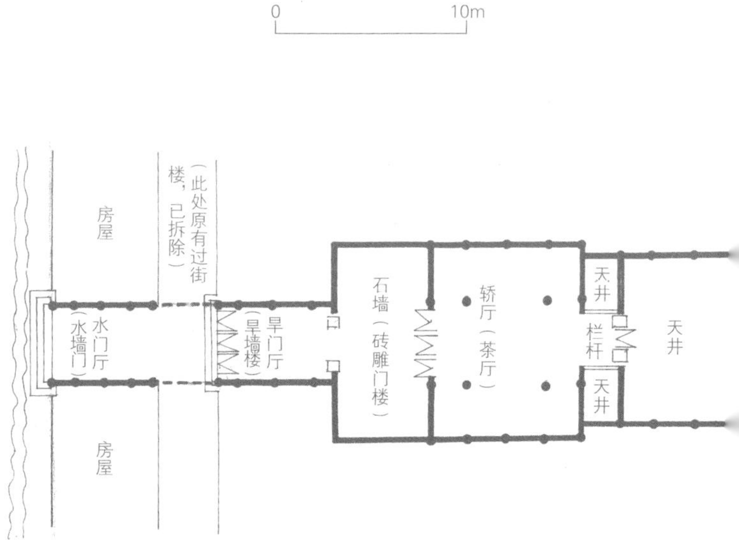

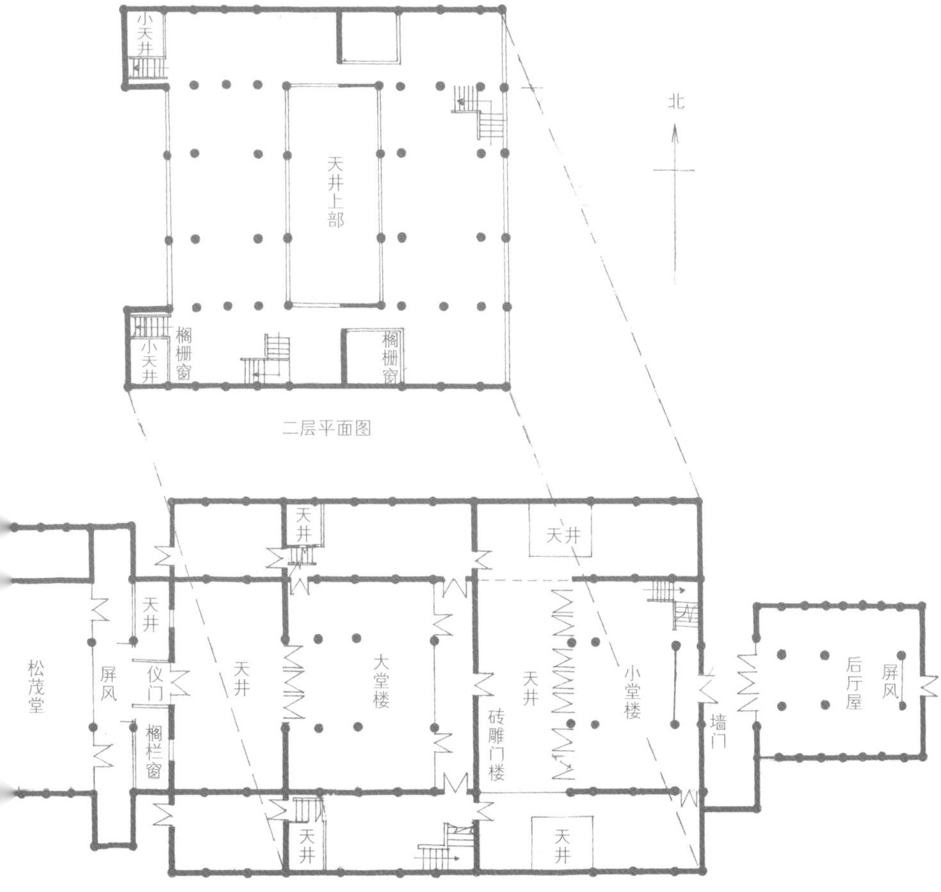

后厅屋一直环至前面旱墙门，再与原过街楼相连达水墙门。从楼口上可观街景和水上风光。每道楼梯口上均设翻盖板以防盗贼。大堂楼前第四进门楼称“仪门”，入仪门即迸入后堂，一般宾客，尤其男宾不得进入。大堂楼为家中女眷会客之处。

第六进为小堂楼，由走马楼可通至大堂楼和墙门楼，两边厢房对称，楼上为小姐绣

图5-6 千工床

沈厅精品，制作用工千余，历时三年，耗银千两，内外造型三层为整体“三飘沿”，“双踏步”幔顶组合式，全用榫头联结，用红木做床体，用条樟做屏风幔壁，床面、沿雕刻了三十六组戏文，记录唐代近千名开国元勋和凤凰求偶，喜鹊戏梅等，雕工精细无比。

房，透过朱栏花窗，南湖波光、东庄沃野尽收眼底。楼下原为女眷活动房间，现放置沈万三像，两边房屋皆作过道，底层东北角设楼梯通二层。堂楼后面中间有一座石墙门，由此可进入第七进。

第七进是厨房，中间是全家用餐和待客膳食处，右边为厨房，厨房很大，可做百余人膳食。

沈厅为苏南、浙北一带清民居建筑之典范，布局严谨，功能分明，是不可多得的建筑精品。

六、张斤古朴

图6-1 张厅之门
张厅之门张灯结彩，十分气派。

张厅始建于明正统年间，原名“怡顺堂”，位于北市街双桥以南，原是朱元璋给中山王的封地，为明中山王徐达弟弟徐孟清后裔所建。清初叶徐氏衰落将怡顺堂卖与张姓，故称“张厅”，后怡顺堂改为“玉燕堂”。

张厅共六进，大小房屋60余间，占地1884平方米，整个建筑前门临街，后门靠水，具有“轿自前门进，船从家中过”的江南水乡民居的特征。

张厅临南北市河，沿北市街设大门，墙门楼十分朴素大方，大门为三开间木隔门，两

图6-2 玉燕堂

是张厅的正厅，由门口的两棵玉兰树而得名，所有木门窗下的雕饰纹样也都是玉兰花图案。柱础为楠木，又称为楠木厅。

侧是白粉墙；门楼两边是低矮的厢房楼，楼前设花格木栏，楼下有落地蠡壳长窗，楼上则设蠡壳短窗，显得古朴典雅。进入大门则是门厅，又称轿厅，后门临天井处设碎石门楼。第二进为正厅即“玉燕堂”，堂宽敞明亮，粗大的梁柱下是明代的楠木鼓形柱础，由于木柱容易受白蚁侵蚀，所以明代木柱础保留下来的目前较少，玉燕堂的楠木柱础油漆虽已斑驳，但还十分坚实。玉燕堂为对外待客之处，与沈厅的松茂堂功能一样，在大厅屏风后面也有设置长椅的“候厅”，客人未到齐时，在此等候，或客人在堂前议事，佣人在此等候呼唤。候厅中间开一百库门，门楼外是天井。苏南一带大型民居有两个特点，一是布局严谨，前厅后堂分明，边上都有长备弄；二是门楼砖雕不是朝外，而是朝内，朝外都是十分简朴的石库门，朝内却为雕刻精美的砖雕门楼。厅后的大堂楼和小堂楼目前尚未整修，但从楠木柱础、窗格、门扇中还依稀可见当年的风采。整座宅院旁边设有深长的备弄，从正面侧门入内，拐过庭院进入备弄并直通张厅后面小河。备弄东面墙上保留着被烟火熏黑了的壁龛。在主仆贵贱分明的封建社会，仆人不能在正厅随意行走，旁边的备弄作为一个通道，使人可不通过中间的厅堂而至宅的后面。幽暗深长的备弄，长20余米，弄尽端转入后院。从银子浜分条水道进入张厅，后院小河穿屋而过，驳岸围拥，石栏环抱，绿树掩映。小河有一个优雅的名字叫“箬泾”，河中间拓丈余见方的水池，是小船交会调头的地方。临河的后屋，设一排敞窗，窗前设美人靠，是家人休息的场所；窗下

图6-3 箸泾/上图

张厅的后厅与后花园之间，从银子浜引入的一泓清水穿屋而过，称“箸泾”，河上建过河廊，廊内两侧设木椅栏杆，后厅外岸蠡窗映水。故有“轿自前门进，船从家中过”之谓。

图6-4 后厅/下图

从过河廊外望。画面左侧是后厅，为家人休息处，窗外即是箸泾。在后厅沿水一侧的蠡窗下，设有美人靠，人们可倚栏欣赏窗外水光树影。

图6-5 张厅平面图

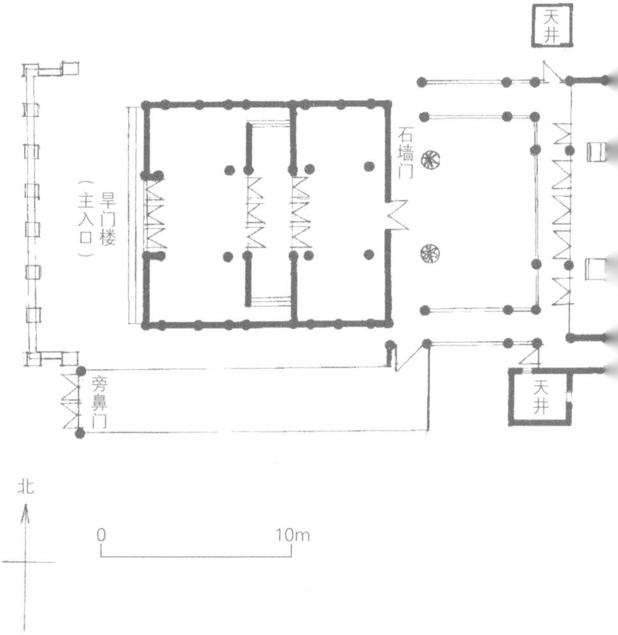
天井
石墙门
旱门楼
（主入口）
旁鼻门
天井
北
0
10m

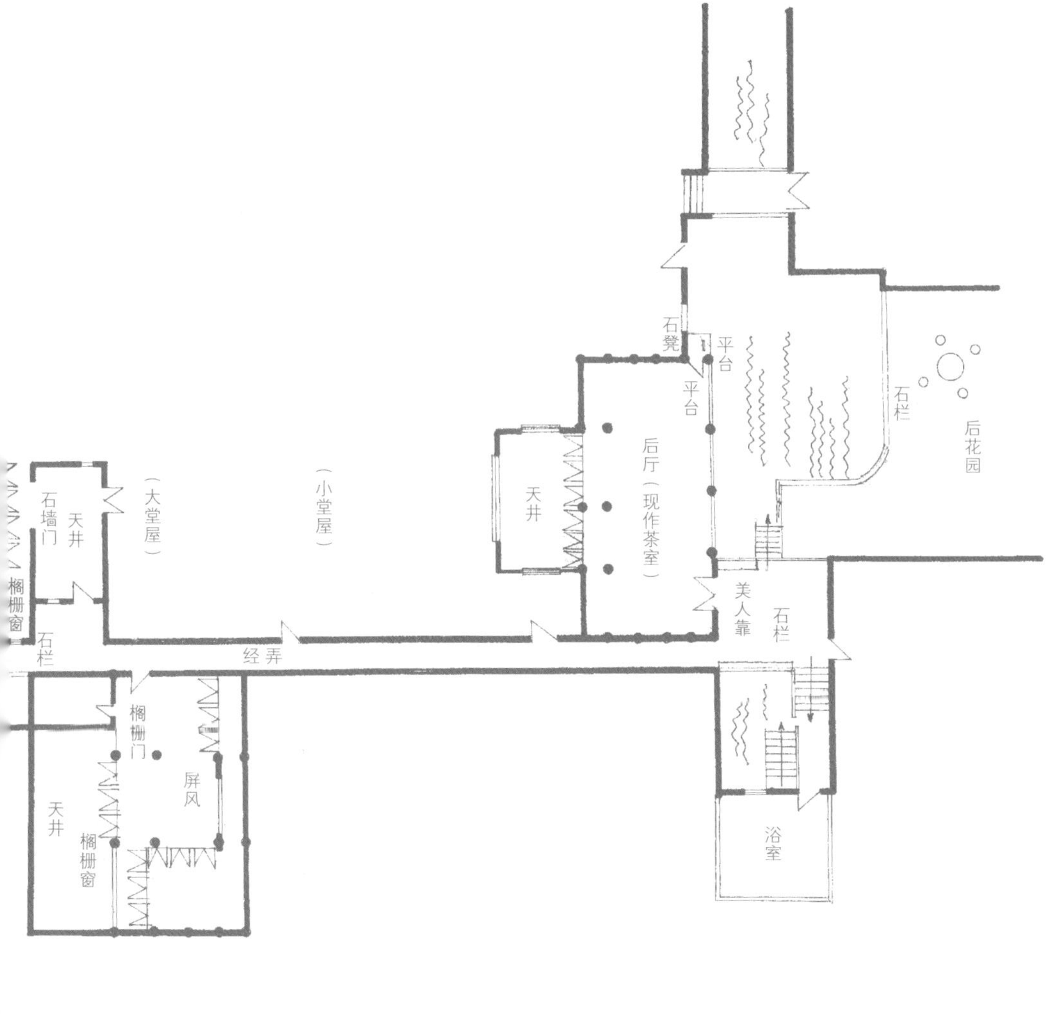

石凳
平台
平台
石栏
后花园
天井
后厅（现作茶室）
石墙门
天井
（大堂屋）
（小堂屋）
槅栅窗
美人靠
石栏
石栏
经弄
槅栅门
屏风
天井
槅栅窗
浴室

是平整的石驳岸，驳岸石块中，雕有如意形状的缆船石，枕水的过廊两边的美人靠临水而设，人们坐在箬泾之上，观看“轿自前门进，船从家中过”的美景，令人陶醉。在东边过廊的东头，跨水而建一间临空的小屋，是家人沐浴之处，水从石缝中自然流入河里，何等悠闲自在。

七、历史名胜

江南水乡，自古文人荟萃，历史悠久，丰富的人文遗迹与优美的自然景观，给周庄古镇造就了许多名胜古迹，如西晋文学家大司马张季鹰，唐代著名诗人刘禹锡、陆龟蒙都先后在周庄寓居和垂钓。甪直镇附近也有春秋战国期间吴王离宫遗址，吴王夫差就留在镇西筑梧桐园。甪直的保圣寺也是宋代以来文人画家常聚之处，如著名的倪云林、赵孟頫、文征明、沈周、董其昌等都曾在此吟诗作画。乌镇的昭明书室遗址，是公元500年时梁武帝的儿子昭明太子随他老师沈钧读书的地方。清末民初的青年革命文学组织“南社”的发祥地也在周庄，至今还保留着南社著名领导人叶楚伧、王大觉等人的故居，以及他们集会的场所迷楼。

悠久的历史文化，孕育了江南水乡古镇，古镇处处都可见这些历史题咏的风景特色，如周庄八景，甪直八景等，这些自然景色和历史在景物中沉积的文化背景，留给人们无限的遐想。如从周庄八景景名中人们也可以领会到古人对水乡城镇风光的钟情。

周庄八景：全福晓钟、指归春望、钵亭夕照、蚬江渔唱、南湖秋月、沙田落雁、急水扬帆、东庄积雪。

1. 全福晓钟

全福寺原坐落在周庄镇西侧，白蚬湖畔，后被毁。现重建于南湖边。最初称“泉福寺”为周迪功郎及夫人舍宅而建。以后不断扩建，梵宫重重，成为苏杭一带名寺。清乾隆三十八年（1773年），全福寺方丈募捐铸一钟，重达3000余斤悬于大雄宝殿东侧，每日拂晓时分寺僧撞之，声闻数十里，余音不绝。唤醒全镇梦里人，人们把钟声当做报晓的金鸡，闻钟声而起。

2. 指归春望

指归阁高耸于全福寺中，飞檐翘角，四面蠡壳窗棂，每当风和日丽之际，人们常登阁远眺，远方隐约的青山，近处浩渺的水面，村庄青瓦白墙，田野麦绿花黄，真是“登临春望指归楼，云水苍茫不尽头，菜花麦浪浮眼底，吴山如黛蚬江舟”。

3. 钵亭夕照

镇北永庆庵后院有荷池一方，池边立一亭，名钵亭，因庵中人在此洗钵而得名。亭后有百年古柳，环境十分幽雅。每当薄暮时分，金辉映照亭檐，池中波影粼粼，登亭观落日余晖，其乐无穷。

4. 蚬江渔唱

十里蚬江，横亘于周庄西侧，江畔为渔家泊船、晾网卖鱼和沽酒消遣处。江中盛产白蚬。每当渔船满载而归，渔民们扣弦高歌，此起彼伏，夕照湖水荡着金辉，渔民们三五成群，饮酒作乐直至明月初上，宛如一幅渔歌唱晚的风情画。

5. 南湖秋月

位于镇南的南湖，湖面辽阔，原名张矢鱼湖。相传西晋文学家张季鹰曾在湖中垂钓，因得名。南湖景色四季宜人，秋风月色更是醉人。当银波荡漾，明月高悬时，秋水澄澄，画舫游人，犹在玉壶之中。

6. 庄田落雁

庄田，又称蒲田，为南湖西面一个独圩。每逢金秋，湖边香蒲吐穗，芦花泛白，多年来庄田始终未被湖水荡平，成为候鸟栖息的好地方。南飞的大雁常来此栖息，庄田上空，鸿雁盘旋，从空中点点降下，颇为壮观，年年如此，镇人常去观赏，有诗曰："南湖水碧碧连天，一望平芜隔岸烟，九月天高雁来日，纷纷犹落归庄田。"

7. 急水扬帆

镇北急水港，西连白蚬江，东达淀山湖，江面宽阔，水流湍急。当北风吹紧，浊浪排空令人望而生畏。此地处交通要道，进出镇主要渡口，船只来往，帆影蔽空，为水乡一佳景。

8. 东庄积雪

周庄东郊，有一千三百亩土地，相传为沈万三囤粮之处，又名"东仓"。春天麦苗碧绿，秋天稻谷金黄。冬雪更是银装素裹，如晶莹的白玉，无边无垠，坦荡如砥，为踏雪观景的好去处。

迷楼：

在周庄镇西面，贞丰桥迤西，有一栋临河的二层小楼房，直至近年它那斑驳的粉墙，残褪的木色和临河开启的六扇排窗，窗沿下的古朴黝黑的木屏板以及那临街面的白墙、板门等都保持着当年迷人的风貌，记载着一段不平凡的历史。

迷楼始建于清光绪年间，原名德记酒店，这家酒店由女主人与女儿阿金操持，1920年阿金年方18岁，出落端庄大方，对顾客热情周到，使得小店生意十分兴隆。这一年，以“钟仪操南音，不忘本也”为号召的爱国进步团体“南社”成员柳亚子、陈去病、王大觉、费公直、叶楚伧、柳率初等人，经常登上小楼，饮

图7-1 迷楼
位于中市街西的贞丰桥边，原楼古朴斑驳，近年修复一新，基本保持了原楼格局。该楼为20世纪初“南社”成员柳亚子、陈去病、叶楚伧、王大觉等人在周庄的主要活动场所。

酒酬唱。他们借酒浇愁，咏世事艰困，吟壮志难酬，佳句借酒性流出，佳人伴美景醉人。于是，这几位20世纪初的志士，在迷楼留下了华章佳句，如柳亚子的《迷楼曲》，叶楚伧的《迷楼夜醉》，费公直的《对酒歌》，陈去病的《蚬江留影》等著名的诗篇，并编成《迷楼集》刊行于世，从此周庄迷楼名声大噪。

迷楼于1991年重修，重修后的迷楼基本保存了原来的结构。现在二楼陈列着南社成员的刊物诗集等，并有柳亚子、费公直、叶楚伧等人迷楼酣饮赋诗的蜡像。

刘公祠：

原是座佛堂，称“清远庵”，庵内曾设纪念唐代著名诗人、政治家刘禹锡的刘公祠。刘禹锡任苏州刺史时，为地方百姓办了许多好事，深受百姓的拥戴。不久贬职后的刘禹锡得闲“优游览胜”，来到周庄，在南湖边住了一段时间，周庄百姓为了纪念他，便把他的寓所改建为佛堂——清远庵。按当时苏、皖一带风俗，为纪念某人便建祠堂或立功德碑以流传后世。但当时朝廷法度建祠堂须朝廷恩准，考虑到刘禹锡受贬，恐难获准，遂奉刘公为“佛”，因而造了座佛堂。

清远庵几经焚毁修复，到了清代，才在清远庵中造了一间刘公祠。

图7-2 周庄棋苑

为新近开发的旅游点，展示了各种棋和棋局。进门后，即有一个由硕大的棋子组成的巨大的棋阵。建筑为两层，中间是个天井，二楼为回廊结构。

四义士祠：

原是一座庵，坐西朝东，山门旁有两块扁圆形滚龙石，门上悬有“永庆庵”三字的匾额。庵内有抗清四义士祠，并列着四个没有名姓的长生禄位，供人们瞻仰。《周庄镇志》记载着这样一个故事：清初，有一个命官王开押送四名要犯归监，谁知途中要犯突然逃脱，逃到周庄一带便失去了踪迹，王开暴跳如雷，并派兵搜查全镇，并要居民三天内交出人犯，否则便要屠杀全镇百姓。此时举镇惊惶，一筹莫展。次日清晨狂风呼啸，清军疯狂地将镇中男女老少赶往城隍庙，士兵们扬起雪亮的大刀声嘶力竭地要逃犯，正在这千钧一发之际，人群中走出了四人，这四人都不是周庄人，也不是清军所要搜捕的逃犯，一位是看相拆字人，一位是云游四方的郎中，一位是打拳卖艺者，另一位是位穷书生。他们早已流落到周庄，卖艺糊口为生，此时，为了全镇百姓免遭灾难，他们不惜牺牲自己。后来清军将他们当逃犯杀害了，周庄百姓跪伏街头，泪流成河。为了纪念这四位义士，周庄百姓在永庆庵内建了四义祠，每年春秋都要祭奠他们的英灵。

八、寺院道观

1. 全福寺

全福寺是昆山一带远近闻名的古刹，原来在镇西北的白蚬湖畔，后重建于南湖边。全福寺始建于宋元祐元年（1086年），佛殿楼阁重重，周围是碧水环绕和参天的古木。寺院立于水边，远观如水上琼阁。

全福寺共五进。山门前场地宽阔，栽种着参天的黄榉树。山门上的匾额是清代户部侍郎、书法家李仙根书："水中佛国"四字。进入山门，两边哼、哈二将，身躯高大，相貌狰狞，中间坐着弥勒佛，露胸袒腹，手握佛珠，笑容满面，身后站着金盔金甲的韦陀，手持降魔杵，英武逼人。山门后的庭院中间是平坦的甬道，两边花草飘香。第二进建筑是指归阁，中间正襟危坐着相貌威严的关帝像，关平、周仓分立于两侧。佛教寺院里供祀关羽像在我国其他寺院尚不多见。登上指归阁举目远眺，水乡景色一览无遗。第三进是全福寺的主体建筑大雄宝殿，前有宽敞的月台，大殿气宇轩昂，殿内如来佛像盘膝而坐，高达三丈有余，巨大的手掌中可以卧伏一人，据说这尊大佛像在江浙两省屈指可数，可与杭州灵隐寺中的如来佛像相媲美。左右两边立着三丈高的文殊、普贤二位大士。两边排列着十八罗汉。造型生动，形态各异。大殿中的如来佛像本为苏州虎丘云岩寺内的世尊像，清顺治五年（1648年）由总戎杨承祖移入全福寺。殿东侧悬挂着一口三千余斤重的大钟，"全福晓钟"成为周庄八景之一。在如来佛后面有巨幅浮雕，中间为望海观音，四周碧浪滔天，虾兵蟹将手持武器，踏浪而行，天空祥云萦绕，天兵天将和四大金刚威武雄壮，海里各类鬼怪异类云集，生动有趣。穿过回廊，后面是第四进地藏殿。院中两株苍翠的古柏干挺叶茂，殿内供有地藏五菩萨像，并设一铜钟，纹样古雅，铸工精美。殿东侧有一静室，为主持僧打坐之处。西侧为方丈室，陈列着历代名人的字画，其中有明代夏时行的狂草书法，文衡山和文嘉的行书，清初著名画家石涛和王鉴的山水画，倪墨耕的墨狮，还有近代著名的周庄人费公直的花卉画，陶治孙的山水画和周庄画家许南湖的佛像画等。走出地藏殿后廊，地势开阔，草坪中设置着花木盆景，间设石凳供人休憩，全福寺中最宏伟的建筑第五进藏经阁坐落其中。阁高三层，气势巍峨，是寺中僧人善绿、智绿二人苦心募化十

图8-1 全福寺大雄宝殿

全福寺在南湖畔重建，位于指归阁后，新建的大雄宝殿依然为二重飞檐，黄墙朱柱，殿前有汉白玉石栏和宽大的月台，两边回廊与旁边侧殿相连，广场前左右各设钟、鼓二楼。

年营建而成，底层为三开间轩敞的大厅，四周回廊环绕，大厅内桌椅几案都是紫檀、黄榉木制作的，造型与摆设十分考究，是僧人待客之处。大厅屏风后，楼梯通二层；二层为藏经书处，内藏经书千卷，其中有费公直捐赠的经书百余卷。厅中间有千手观音像一尊。顶层四面敞窗，倚窗观景，近处殿阁层层，波光粼粼，远处黛山一览无遗。

全福寺几百年来香火鼎盛，远近闻名，为周庄一大胜景，但20世纪50年代被改作粮库，后毁圮，所有佛像与寺内藏品荡然无存，现今的全福寺是重建的。

2. 澄虚道院

道教的“圣堂”澄虚道院坐落在镇中心中市街的西段，面对着普庆桥。这里也是以前周庄举行较大规模活动的地方。

澄虚道院始建于北宋元祐年间，院前面没有宽大的广场和高耸的山门，只是紧邻街边有一对抱鼓石和双层飞檐大门。作为市井中的圣堂，它与一般道院有所不同，从进入正门首先看到的是一爿三开间的“中新茶居”，是接待赶集的农民和香客的地方，人来人往，川流不息，生意十分兴隆。中国的寺院道观也常设茶室服务于来往路人，但在道院内设茶馆，而且是面对大门的却不多见。

澄虚道院前后共三进。在茶屋深处，面对道院正门，矗立着一个高达五六尺的木雕灵官

图8-2 指归阁

穿过全福寺山门即到指归阁，新建的指归阁充分体现了水乡佛寺的特点，阁前一平台，三面环水，楼阁倒影水中，周庄八景之一“指归春望”即谓登此阁远眺。

像，浓眉豹眼，右手高擎一支神鞭，以泰山压顶之势立在道院之中，在灵官塑像顶上悬挂着四个金字“认得我吗？”似在警告世间邪恶之辈，倘若在人间干坏事，必遭鞭笞。

由中新茶居往里，天井中有一座钟形铣香炉名万年宝鼎，香火不断。穿过天井，就是威严肃穆的圣帝殿，殿内中间端坐着玄天上帝，两旁是雷公、雷母、托塔天王等八位天神天将，圣帝像上方，悬挂着古色古香的篆字匾额，圣帝像后面不远，安放着从前镇上火神会（1949年前镇中消防机构）供奉的火神像。据说，从清代起每年农历元月二十一、二十二两天，澄虚道院内都要举办隆重的火神醮活动，祈求神灵保佑免灾。颇具规模的打醮仪式，实际上也是一种民俗娱乐活动。

经过松柏茂盛的天井便来到第三进院落，这里有斗姆殿和文昌关帝阁二座建筑。斗姆殿内有大大小小上百个菩萨雕像，斗姆菩萨在前，三清元始天尊像居中，太清道德天尊在左，上清灵宝天尊在右，另外还有雕塑的观音菩萨，三官大帝，雷祖菩萨，日宫太阳帝君，月府太阴帝君，蛇王天君等，一列神佛好不气派。

图8-3 澄虚道院大门/对面页
道院位于中市街，面对普庆桥，入口处用重檐，仅有一段黄墙显出宗教气氛，门侧有两个抱鼓石作为入口处的重点标志物。

澄雲道院

从斗姆殿后拾级上楼，是供奉关云长的文昌关帝阁，也称“指归阁”，除供奉关帝像之外，另有三十六位天神天将塑像在阁中造型生动，姿态各异。

澄虚道院也是镇中各类民俗活动的场所。每年农历二月十九、六月十九、九月十九，道院与北栅观音堂都要举办观音会，有众多中、老年妇女来这里拜佛烧香。道院里供奉佛教神像本不多见，而且还举行拜佛活动，就更不多了。大概是由于观世音是平民百姓尤其是妇女们最信奉的，而澄虚道院本来就是十分平民化的道院，所以，只要能满足人们的精神需要，就不管那么多清规戒律了。关羽的生日也要在此举办类似活动。

然而规模最大的是苏南一带盛行的雷祖公醮，每逢六月二十三、二十四两天，道士们内穿竹枝衫，外穿道袍，按严格的打醮仪式吹吹打打，鼓乐齐鸣，热闹非凡，这一活动为祈求苍天保佑，年年丰收，风调雨顺，国泰民安。

九、码头、驳岸

码头，也叫河埠。周庄除大型公用码头外，很少有单一用途的码头。沿河民居都有通向水面的小码头。走在临河的路上，每隔一段总会看到一个从岸边台阶下至河上的小码头。这些河埠也是水乡的妇女们聚集在一起洗刷衣物、谈说家常的地方。大的河埠一般在大的商店、餐馆、货栈、仓库的附近，停靠船只。往往在河道的交汇处，或在平直的河段上，开拓出一个长方形的河港，供船只靠岸，调头，从岸边有长长的台阶直通码头。

图9-1 沈家水墙门

为二层楼，底层为开敞的门洞，门前设八字形台阶下水。现为周庄旅游公司的船码头。

水乡人家前门通街，后门河埠。在水上交通十分重要的水乡，河埠的功用并不亚于前门的街道，凡洗涤、取水、出门访友、购物、采买生活必需品等，都在这里进行。过去，这个后门还是避灾的安全门，譬如遇到了债主上门讨债或不速之客的侵扰，便可从后门水上逃避。在兵荒马乱的年代，后门码头对水乡人家无疑是很重要的。小河埠的外观大都不相同，有的民居面积较小，就采取占天不占地的办法，做成悬挑式的河埠，或紧靠着驳岸砌筑阶梯，也有伸出驳岸一二米做一个平台，在平台上建个厨房，再做台阶下水。面积宽的民居，则将房屋凹入做踏步下水，上面还加个屋顶以遮风避雨。一般后门河埠连着厨房，取用水方便。商家们更是利用后门码头进货，前门店面销售。

图9-2 水乡人家码头（张振光 摄）
在周庄，河道密布，河中行船是周庄对外的唯一交通工具。房屋建设一般是临河而建，前面为街道，后面为河道，多设码头方便交通。

周庄的西湾街、北市街、南市街，城隍埭和后港街等都有许多公用河埠，这种河埠在路边或靠水做出一个大的平台，或三面石阶直入水面。若遇宽敞的河面，河埠就伸出驳岸，若河面狭窄，就向街岸凹入。河埠是水乡城镇独特的风光，水乡人十分偏爱它。在目前自来水已相当普及的条件下，人们洗衣被、蔬菜、瓜果、甚至淘米都仍在河埠上，只是最后再用自来水清洗一遍。人们迷恋它，并不仅仅是依恋传统的生活习惯和由此而带来的人情味，更多的是向往与自然的交融，这也是水乡人的一种心理归宿感。现代生活模式将人们的居住与自然完全隔绝了，而使人踏度近水的河埠则是人与自然的一个连接点。

在周庄的河埠中，有两座目前已很少见到的“水墙门”。水墙门是在大型河埠码头驳岸旁建的一层或两层房屋，中间留出大面积门洞直通码头。周庄沈厅水墙门为两层，白粉墙

图9-3 如意船鼻子

是在驳岸边设的系船配件。周庄的船鼻子多将石雕刻成如意形，这是将石块凿空做成如意杆柄以系缆绳，也有单用如意云纹（双如意）雕刻。

图9-4 后门码头

水乡人家后门临水，河埠石阶，取水洗涤均十分方便，大多数人家后门都有一平台，周边围以石台，并多在左、右侧设石台阶下水。

方形门洞，一面通街对着沈厅的“旱墙门”，一面通至码头，设踏步下水。二层一面临水设窗，另一面原有过街楼横跨南市街直通沈厅二层。水墙门阔4米，进深5.6米，两边各有5根粗大立柱，上架大木横梁。这种布局形式是把临街与临水的两个门都放在前面一起作前后布置。另一座水墙门在城隍埭中段的南湖酒家的过街楼边。

石驳岸一般多用麻石，在河道两边，用长方条石交错砌出驳岸，石块大小不十分讲究，但厚度较注意一致，使石驳岸横条线较为整齐，接近地面上的石块就很注意挑选长而平整的，使沿河有个整齐的边界和平坦的地面。河道驳岸上的小品，如水镇彩带上的点缀，别具匠心，惹人喜爱，这种小品除各种各样的踏步外，还有石栏杆，周庄镇后港街和张厅前的石栏杆及西湾街东口的石柱铁栏杆等，有的十分讲究、有的自然质朴。在驳岸石块壁上，常见一些石块上雕刻有各种形状的，为系船绳而专门雕出来的绳眼，由于其功能如同用绳子穿在牛鼻子上一样，所以也叫“船鼻子”。在富有文化情趣的水镇，这些船鼻子被雕刻成一些传统的吉祥纹样，如“葫芦”、“如意”、“仙鹤”、“和合”等；大一点的船鼻子还雕刻成花瓶形，瓶中插三把戟，寓意“平升三级”，也有雕刻“暗八仙”的。

周庄，这颗江南水乡的明珠，已伴着历史的风风雨雨走过900多个年头，我们企望她在走向现代化的21世纪时，仍然能保持着那迷人的传统美和那令人陶醉的乡土文化的气息。

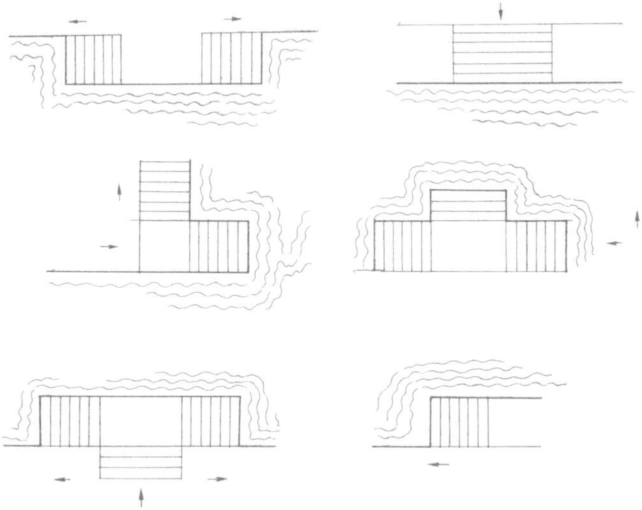

图9-5 几种公用水埠踏步形式

大事年表

朝代	年号	公元纪年	大事记
晋	永宁元年	301年	大司马东曹掾张翰辞官返回故里，游钓于南湖之滨
唐	通天元年	696年	置长洲县，地域属长洲县苏台都
宋	元祐元年	1086年	周迪功郎舍宅建全福寺，遂有周庄之名
	景定元年	1260年	太师贾似道推行“公田法”，在周庄境内设田庄。置官田，以田租供国用
元	至顺元年	1330年	沈万三之父沈祐由湖州南浔沈家漾迁居周庄东垞，垦殖经营
	至正十五年	1355年	里人杨钟捐建富安桥
明	洪武六年	1373年	明太祖朱元璋建筑南京城垣，沈万三捐建三分之一，并请犒军，为帝所忌，发戍云南
	洪武七年	1374年	沈万三案株连甚多，有尽诛周庄居者之说，镇人徐民望至京城告御状，镇得免
	嘉靖三十五年	1556年	倭寇五千，侵扰周庄境域，所到之处，村舍为墟
	万历年间	1573—1619年	里人徐正吾、徐松泉、徐竹溪，先后捐建永安桥和世德桥
清	顺治五年	1648年	总戎杨承祖迎海涌峰（今虎丘）世尊大佛于全福寺
	顺治七年	1650年	巨盗4名逃匿至镇，官军拟屠镇，有四义士出，镇得免

朝代	年号	公元纪年	大事记
清	康熙初年	约1662年	里人陶唐谏在急水港大王庙前设舟以渡行人，称陶公义渡
	康熙十八年	1679年	周庄屡遭官军扰害，江南总兵颁布“严禁差船扰民”告示。康熙二十、二十四年，重颁禁令。后将三次文告汇刻“仁宪永禁”碑于北栅
	乾隆十八年	1753年	章腾龙《贞丰拟乘》脱稿
	乾隆三十六年	1771年	重浚市河，重建全功桥（北栅桥）
	嘉庆十三年	1808年	陈勰增辑《贞丰拟乘》付梓，为周庄第一部方志
	道光二十三年	1843年	重建永安桥和世德桥，两桥纵横相连，俗称钥匙桥
	同治二年	1863年	淮扬水师右营统领镇军陈东友编造门牌
	同治七年	1868年	江苏巡抚丁日昌倡办义学，周庄开办四乡义塾
	同治九年	1870年	周庄火政会成立
	同治十二年	1873年	夏，里人募浚新开河，掘得莲花座石佛十余尊，高八尺许，由清远庵保存
	同治十三年	1874年	镇人建四义士祠

朝代	年号	公元纪年	大事记
清	光绪八年	1882年	时人陶煦编《周庄镇志》（六卷），刊印成书
	光绪三十一年	1905年	乡董陶惟坻等人，在南湖之滨创办元江两等小学堂
	宣统元年	1909年	陈去病创办周庄东江女学
中华民国	民国7年	1918年	5月，南社发起人之一柳亚子来周庄同叶楚伧、王大觉以文会友，作《南湖草堂夜集》
中华人民共和国		1976年	太史淀围垦工程开工，历时一年。在王东和秀南两大队交界处的湖底发现新石器时期遗址，出土文物500余件
		1981年	拆除隆兴桥，在其南侧40米，另建水泥拱桥，桥名不变
		1984年	画家陈逸飞将双桥绘成油画，10月在美国西方石油公司董事长阿曼德·哈默画廊中展出。11月哈默访华时，将“双桥”油画题为《故乡的回忆》，作为礼品赠送邓小平先生。次年，陈逸飞另一幅名画《桥》被联合国教科文组织选为首日封

朝代	年号	公元纪年	大事记
中华人民共和国		1985年	著名画家吴冠中来周庄写生，后在《中国旅游报》著文称："黄山集中国山川之美，周庄集中国水乡之美"；举行建镇九百周年纪念活动，并刊出《江南水乡古镇》一书
		1987年	成立周庄镇志编纂委员会，组织编纂新镇志

图书在版编目（CIP）数据

周庄／余春明撰文／摄影. —北京：中国建筑工业出版社，2013.10
（中国精致建筑100）
ISBN 978-7-112-15718-1

Ⅰ.①周… Ⅱ.①余… Ⅲ.①乡镇-建筑艺术-昆山市-图集 Ⅳ.① TU-862

中国版本图书馆CIP 数据核字（2013）第189478号

责任编辑：董苏华 张惠珍 孙立波
技术编辑：李建云 赵子宽
图片编辑：张振光
美术编辑：赵 清 康 羽
书籍设计：瀚清堂·赵 清 周伟伟 康 羽
责任校对：张慧丽 陈晶晶 关 健
图文统筹：廖晓明 孙 梅 骆毓华
责任印制：郭希增 臧红心
材料统筹：方承艺

中国精致建筑100

周庄

余春明 撰文/摄影

中国建筑工业出版社出版、发行（北京西郊百万庄）
各地新华书店、建筑书店经销
南京瀚清堂设计有限公司制版
北京顺诚彩色印刷有限公司印刷

开本：889×710 毫米 1/32 印张：3 插页：1 字数：125 千字
2015年9月第一版 2015年9月第一次印刷
定价：**48.00**元

ISBN 978-7-112-15718-1
（24306）